Moritz Hilgers

Die Höhenstufen der Anden

GRIN Verlag

Bibliografische Information der Deutschen Nationalbibliothek:

Die Deutsche Bibliothek verzeichnet diese Publikation in der Deutschen National-
bibliografie; detaillierte bibliografische Daten sind im Internet über http://dnb.d-
nb.de/ abrufbar.

Impressum:

Copyright © 2009 GRIN Verlag GmbH
Druck und Bindung: Books on Demand GmbH, Norderstedt Germany
ISBN: 978-3-656-17378-6

Dieses Buch bei GRIN:

http://www.grin.com/de/e-book/192431/die-hoehenstufen-der-anden

RWTH Aachen 23.3.2009

Geographisches Institut

Grundseminar Physische Geographie

Sommersemester 2009

Hausarbeit

Die Höhenstufen der Anden

Moritz Hilgers

Moritz Hilgers

2. Semester

Studienfach: B.Sc. Angewandte Geographie

Inhaltsverzeichnis

1 Einleitung

Es gibt diverse naturräumliche Gliederungen der Erde in Räume bzw. Zonen. Diese Zonen lassen sich über ein jeweils typisches Bild charakterisieren und voneinander abgrenzen. Als ein bekanntes Beispiel ist hier die Einteilung in Vegetationszonen zu nennen. Eine „Zonierung" ist aber nicht nur in horizontaler Ebene möglich, sondern kann auch in vertikaler Richtung, der sogenannten Höhenstufeneinteilung, vollzogen werden. Diese Arbeit befasst sich nun mit dem Thema „Die Höhenstufen der Anden". Zunächst wird der Begriff Höhenstufe mit seinen Merkmalen definiert. Es werden eingehend die fünf Haupthöhenstufen der Anden benannt und erläutert. Um die bedeutsamsten Unterschiede der bekanntesten Höhenstufengliederungen, die der Anden und der Alpen, herauszustellen, wird abschließend ein Vergleich der beiden durchgeführt.

2 Definition Höhenstufe

Eine Höhenstufe ist laut Wörterbuch der Allgemeinen Geographie

> eine durch bestimmte klimatische Bedingungen und die damit zusammenhängende Pflanzendecke, Bodenentwicklung und Wirtschaftsweise geprägte Höhenlage in einem Gebirge. Die Höhenstufen sind also zugleich Lebensräume mit spezifischen Voraussetzungen für die Tierwelt und den Menschen (Leser et al. 1995:252).

Karsten Garleff (1977:87) beschreibt in seinem Werk „Höhenstufen der argentinischen Anden in Cuyo, Patagonien und Feuerland" diese Stufen anhand der Merkmale Relief, Material, Kleinformen und aktuelle Formung, Vegetation, Böden sowie Klima. Als klimatische Ursache für eine Ausbildung von Höhenstufen ist hauptsächlich die Temperaturabnahme von im Mittel ca. 0,5 bis 0,6 K auf 100m Erhebung zu nennen. Sofern die Hochgebirge nicht über die Wolkendecke ragen, nimmt mit zunehmender Höhe gleichzeitig die Niederschlagsmenge zu (Leser et al. 1995:252). Heinz Nolzen räumt, bezüglich des Vegetationsbildes, den Höhenstufen bei einem flüchtigen Vergleich Ähnlichkeiten mit den Vegetationszonen ein. So ist die eben genannte Temperaturabnahme mit der Höhe in etwa so groß wie die Abnahme der Temperatur auf 100km horizontaler Distanz von Süden nach Norden im europäisch-nordasiatischen Tiefland und es ergeben sich dadurch Gemeinsamkeiten in der Vegetation und Vegetationsabfolge. Nolzen stellt aber auch klar fest, dass die Höhenstufen der Vegetation in den Gebirgen keine bloße

Wiederholung der Vegetationszonen der Erde darstellen, da sie sich erheblich, z.B. bei der Tageslänge oder den Niederschlägen, unterscheiden. Die Merkmale von Höhenstufen, wie z.b. die Vegetation, differieren in verschiedenen Klimazonen zum Teil erheblich (Nolzen 1996:60).

3 Kurzvorstellung der Anden

Die Anden, welche einen Teil der Kordilleren (durchziehen Gesamtamerika) darstellen, sind mit etwa 9000km Länge und 7500km Nord-Süd-Ausdehnung (von etwa 10° nördliche bis ca. 55° südlicher Breite) der längste Gebirgszug der Erde (Tanner 1978:57). Somit ergibt sich auch, dass mit Venezuela, Kolumbien, Ecuador, Peru, Bolivien, Argentinien und Chile gleich sieben Länder Anteile haben. Sie sind allerdings kein einheitliches Gebirge. Die drei durch tiefe Täler/Gräben getrennten Gebirgszüge Kolumbiens vereinigen sich im Süden des Landes, womit die Anden in Ecuador nur noch aus zwei Zügen bestehen. In Nordperu werden daraus wieder drei Gebirgszüge, die dann nach Zusammenführung in Südperu nur noch zweimal vorhanden sind und zwischen sich das zentralandine Hochland tragen. Danach läuft der inzwischen einheitliche Gebirgsstrang im Feuerlandarchipel aus (Meyers Taschenlexikon 1996:152). Die höchste Erhebung der Anden ist der Aconcagua mit etwa 6920m über NN. Das Klima der Anden reicht vom passatischen Trockenklima im Norden über das immerfeuchte Äquatorialklima bis hin zum kühlgemäßigten Klima der subantarktischen Region. Die Westseite der zentralen Anden ist wüstenhaft, die östliche Seite erhält dagegen reichlich Niederschlag (Microsoft Encarta Online-Enzyklopädie 2008:Kap. 3-4). Der größere Teil der Anden ist aber vom Tropenklima beeinflusst, welches sich dadurch charakterisiert, dass die täglichen Temperaturschwankungen größer sind als die Schwankungen der täglichen Temperaturmittelwerte im Jahresablauf (Tanner 1978:31).

4 Höhenstufen der Anden

Laut Müller-Hohenstein (1981:73) gibt es eine klassische Höhenstufen – Modellvariante, die erstmals auf die Anden angewendet wurde, aber heute zumindest für ganz Südamerika üblich ist. Carl Rathjens (1982:58) ist der Meinung, dass man diese Modellvariante wegen ihrer Klarheit auf die gesamten Tropen ausdehnen kann. Die folgenden Höhenstufen der Anden sind also in erster Linie auf den Teil der Anden zu beziehen, der im tropischen Bereich liegt. Es haben sich, in ansteigender Richtung, die spanischen Begriffe „Tierra caliente" (heiße Erde), „Tierra templada" (gemäßigte Erde), „Tierra fria" (kalte Erde), „Tierra helada" (eisige Erde) und die von Wilhelm Lauer (1975:19) ergänzte „Tierra nevada" (Schneeland) eingebürgert. Die nachfolgende Abbildung 1 zeigt diese Höhenstufen mit ihren Grenzen.

Abb.1: Horizontale und vertikale Verteilung klimatischer Kriterien zum Inhalt und zur Abgrenzung der Tropen (schematisch). Quelle: Lauer (1975), S.19

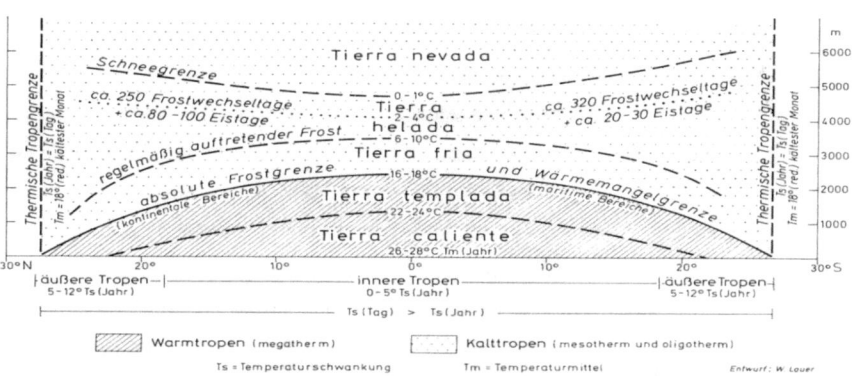

Ergänzend ist zu sagen, dass die im folgenden verwendeten Werte und Daten einer gewissen Generalisierung (Verallgemeinerung/Vereinfachung) unterliegen und die Höhengrenzen je nach Entfernung eines Ortes vom Äquator, nach seiner Exposition und Umgebung (Inneres bzw. Rand der Gebirge) erheblich variieren können (Nolzen 1995:87).

4.1 Tierra caliente

Diese unterste Höhenstufe reicht vom Meeresniveau bis etwa 1000m über NN. Hier herrschen im Jahresmittel Temperaturen über 23°C (Rathjens 1982:59). Somit ist sie identisch mit der tropischen Regenwaldzone (Müller-Hohenstein 1981:75). Die Niederschläge fallen zumeist in Form von Gussregen in der zweiten Hälfte des Tages bzw. können in den andennahen Zonen des Amazonasgebietes auch als mehrtägige

Dauerregen fallen (Tanner 1978:32). Die Tierra caliente liegt vorwiegend auf dem Ost-abfall der Ostkordilleren (einer der Hauptandenketten) (Lauer/Erlenbach 1987:91) und ihre Böden begünstigen aufgrund ihrer in der Regel besonders guten Durchlüftung den Pflanzenwuchs (immergrüner Regenwald) (Müller-Hohenstein 1981:75). „Kennzeich-nend dafür sind die teilweise 50-100 und mehr Baumarten pro Hektar, wobei allein die Bäume etwa 70% der vorkommenden Arten höherer Pflanzen ausmachen." Dies sind vor allem Laubbäume, Nadelhölzer sind hier nur vereinzelt anzutreffen. Charakteristisch ist auch der Reichtum an Epiphyten (auf anderen Pflanzen wachsend), die dem in unte-ren Stockwerk bestehenden Lichtmangel ausweichen können (Bramer 1982:113). Das Klima dieser Stufe eignet sich am besten für den Anbau von Bananen, Kakao, Zucker-rohr, Baumwolle, der Kokospalme, Reis, Tee, Tabak und für die Gewinnung der Pro-dukte des tropischen Regenwaldes wie Kautschuk, Balata (eingetrockneter Milchsaft des Balatabaumes), Chicle (aus dem Breiapfelbaum gewonnener milchiger Saft) und diversen, unterschiedlich harten Hölzer. Neben der Zone des tropischen Regenwaldes mit ihren typischen, hohen Niederschlägen beherbergt die Tierra caliente aber auch aride Bereiche, wie die Nordküste Venezuelas mit ihrer tropischen Steppe und der tro-pischen Wüste der Guajira-Halbinsel (an der Grenze zwischen Venezuela und Kolum-bien gelegen) (Tanner 1978:32). Weiterhin gehören auch große Savannenflächen in Kolumbien und Venezuela (Llanos) und die Savannen und Steppen an der karibischen Küste Kolumbiens und dem größten Teil der Pazifikküste Ecuadors zur Tierra caliente. In den Steppen wachsen aufgrund des Wassermangels typischerweise Säulenkakteen mit laubabwerfenden Dornbüschen und verkrüppelten Bäumen. Die Savannen sind durch weite Grasebenen mit hohen, zähen Gräsern und Galeriewäldern gekennzeichnet (Tanner 1978:32). Wilhelm Lauer und Daud Rafiqpoor (2002:107) sprechen in diesem Zusammenhang auch von den Trockentropen.

4.2 Tierra templada

An die Tierra caliente schließt sich bis in etwa 2000m Höhe die Tierra templada an, in der mittlere Jahrestemperaturen von etwa 17 bis 23°C die Regel sind (Rathjens 1982:59). In ihren unteren Bereichen ähnelt der hier vorkommende immerfeuchte, halb-immergrüne tropische Bergwald in Artenzusammensetzung und Gesamtphysiognomie dem Regenwald der Tiefländer. Erst in der Wolkenregion, die in Abhängigkeit von Breitenlage und Exposition zwischen 1000 und 2500m ü. NN vorhanden ist, ist mit dem tropischen Nebelwald eine abweichende und besonders charakteristische Vegetationsformation ausgebildet. Dort treten ebenso wie in der `caliente´ aufgrund der typischen tropischen Tagesperiodizität Blühen und Fruchten, Laubfall und Lauberneuerung in allen Monaten gleichmäßig auf. Palmen kommen nur höchst selten vor und werden durch zahlreiche Kryptogamenarten (Vermehrung findet ohne Blüte statt), wie Baumfarne, Bärlappgewächse (krautige, immergrüne Pflanzen), Moos- und Hautfarne ersetzt. Auch Lianen und vor allem Epiphyten sind durch die fast ständig feuchtigkeitsgesättigte Luft, die ihnen optimale Wuchsbedingungen schafft, weit verbreitet (Müller-Hohenstein 1981:76). In Venezuela, Kolumbien und Bolivien ist diese Höhenstufe nach Rodungen teilweise mit Zentren städtischen Charakters besiedelt. Hauptfrüchte sind in der Tierra templada Orange, Grapefruit, Zitronen, Ananas, Bananen, Papaya und Chirimoya sowie Maniok. Auch die Cocapflanze wird teilweise angebaut (Lauer/Erlenbach 1978:92). Diese Stufe ist das Hauptproduktionsgebiet für den Kaffee, aber mit Ausnahme des Kakaos, des Tees und der Kokospalme, wachsen hier auch alle anderen Produkte der tropischen Landwirtschaft (Tanner 1978:32). Zur Verdeutlichung folgt Abbildung 2:

Abb. 2: Höhenstufen und Hauptanbauarten. Quelle: Diercke (2009),
http://www.diercke.de/bilder/omeda/800/1425E_4.jpg

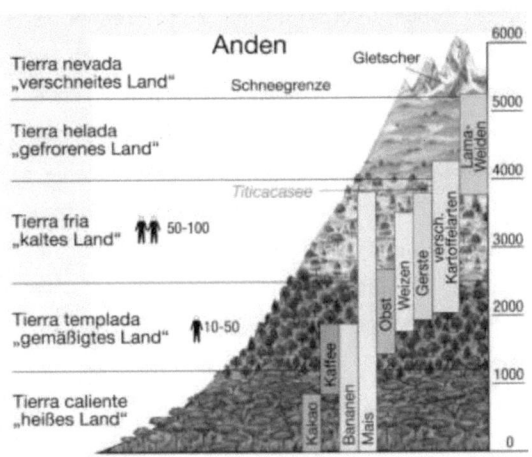

Tierra templada und Tierra Caliente werden als sogenannte Warmtropen zusammengefasst. Sie werden nach oben hin durch die absolute Frostgrenze bzw. der Wärmemangelgrenze begrenzt (Rathjens 1982:58).

4.3 Tierra fria

Als nächste Höhenstufe schließt sich das kalte Land, die sogenannte Tierra fria, mit mittleren Jahrestemperaturen von 10 bis 17°C an. Sie existiert zwischen einer Höhe von etwa 2000 bis 3200m über NN und ist die unterste Stufe der Kalttropen (Rathjens 1982:58). Bis heute stellt sie in den Zentralanden den Hauptlebensraum für den siedelnden Menschen dar (Lauer/Erlenbach 1978:89). Auch in dieser Stufe ist der Temperaturwechsel im Tagesablauf wesentlich größer als die Schwankungen der monatlichen Mittelwerte. Nach Hans Tanner (1978:34) würde ein Europäer an den meisten Tagen im Jahr in Quito (liegt in Ecuador direkt am Äquator auf knapp 3000m Höhe) den ihm vertrauten Jahresablauf der Temperatur auf 24 Stunden zusammengerafft erleben. Am Morgen wird er an Frühling denken, wenn das Thermometer wenig über der Nullgrenze steht und die Sonne beginnt den an den Berghängen oberhalb der Stadt gefallenen Schnee wieder wegzuschmelzen. „Die Mittagszeit ist meist schön und sommerlich warm" (Tanner 1978:34). Zum Spätnachmittag hin, fallen während der sieben bis acht Monate Regenzeit die Niederschläge und es wird herbstlich kühl. In der Nacht kann es empfindlich kalt werden und Schnee fällt unter Umständen bis nahe an den Stadtrand heran. (Tanner 1978:33-34). Charakteristisch für die Vegetation der Tierra fria ist eine einseitigere, xerophile (trockenliebend) Waldgesellschaft, in der vor allem Nadelhölzer wie z.B. Tannen-Arten oder auch verschiedene Wachholder bestandbildend sind. Die für die Nebelwaldvegetation typischen Moose und Farne werden durch Flechten (symbiotische Lebensgemeinschaft zw. Pilz und einem Photosynthese betreibenden Partner) ersetzt und die Epiphyten beschränken sich auf wenige, an die größere Trockenheit angepasste Spezialisten (Müller-Hohenstein 1981:76). Durch die einsetzende Wärmemangelgrenze können tropische Kulturpflanzen nicht mehr angebaut werden. Bestimmende Anbaufrüchte sind nun Getreidearten wie Mais, Weizen und die Gerste, unter den Hackfrüchten die Kartoffel. Obstarten wie Aprikose oder Apfel sind auch ansässig. Insgesamt treten die Baumkulturen aber stärker in den Hintergrund. Die Viehzucht von Rindern und Schweinen spielt in der `fria´ eine Rolle, in der Regel aber nur für den Eigenbedarf oder den örtlichen Markt (Müller-Hohenstein 1981:79). Nach oben hin, schließt die Tierra fria mit der Waldgrenze ab (Bramer 1982:122).

4.4 Tierra helada

Die Tierra helada ist laut Rathjens (1982:59) in eine untere Stufe, die zwischen 3200 und 3800m ü. NN liegt und mittlere Jahrestemperaturen von 6 bis 10°C aufweist, sowie eine obere Stufe, die in Höhen von etwa 3800 bis 4500m ü. NN. liegt und von Temperaturen unter 6°C gekennzeichnet ist, aufzuteilen. Diese Stufe ist klimatisch durch eine hohe Frostwechselhäufigkeit (jährlich ca. 250 bis 320 Frostwechseltage) und niedrigen Niederschlag bestimmt (Müller-Hohenstein 1981:76). In diesem hoch gelegenen, baumlosen Bereich wird lokal zwischen *Puna (Abb.3)* und *Páramo (Abb.4)* unterschieden (Nolzen 1995:89). Die erste Bezeichnung wird für die trockeneren Landstriche zum Beispiel in den innerandinen Hochlagen oder auch in äquatorferneren Hochgebirgen verwendet. Páramo bezeichnet die feuchteren Gebiete der Tierra helada, die es zum Beispiel in Ecuador, Kolumbien und Venezuela anzutreffen gibt (Müller-Hohenstein 1981:76-77). Aufgrund der klimatischen Gegebenheiten nimmt die pflanzliche Produktion in dieser Höhenstufe stark ab. Charakteristische Lebensformen sind neben Gräsern die sogenannten Polster- und Rosettenpflanzen (kompakte Wuchsform). Besonders auffallend sind vor allem in der feuchteren Páramo die Schopfbäume, welche sich durch eine gewisse Stammsukkulenz, also der Fähigkeit des Speicherns von Wasser in ihren Pflanzenteilen, auszeichnen. In der trockeneren Puna fehlen diese Schopfbäume und es herrschen frostharte Gräser und Hartpolsterpflanzen mit deutlichen xeromorphen Merkmalen vor. Bis zur Schneegrenze (Trennlinie zw. ständig schneebedeckten u. zeitweise schneefreien Gebieten), die die `helada´ nach oben hin abgrenzt, schließt sich im oberen Stufenbereich ein vegetationsfreier, wüstenhafter Saum an (Müller-Hohenstein 1981:76). Der Ackerbau findet größtenteils mit der Obergrenze der Tierra fria sein Ende, nur Kartoffeln und Gerste werden noch im unteren Bereich der Tierra helada angebaut. Sie dient in der Hauptsache als Weidefläche für Lamas, Alpacas (Kamelform), Schafe, Ziegen und wenigen Rindern und Schweinen. Diese Tiere liefern Wolle, Trockenfleisch und Dung, Lamas werden darüber hinaus auch als Tragtiere eingesetzt (Lauer/Erlenbach 1987:92).

Links: Abb. 3: Puna. Quelle: http://www.couplan.com/i_images/i_yungas/lama_dans_puna_y.jpg

Rechts: Abb. 4: Páramo. Quelle: http://www.tropicalbirding.com/tripReports/TR_Colombia_Feb2007/Paramo-de-Frontino.jpg

4.5 Tierra nevada

Die Tierra nevada ist die nach oben hin abschließende Höhenstufe. Sie liegt über der Schneegrenze und beginnt im Schnitt bei etwa 4500m über NN. Es herrschen mittlere Jahrestemperaturen von weniger als 0 bis 2°C (Rathjens 1982:59). Im Übergangsbereich von `helada´ und `nevada´ prägen Frostschuttwüsten, also vom Frost verwitterte Gesteinsmaterialien, das Landschaftsbild. Darüber sind Gletscher sowie Moränen die Hauptformen dieses sogenannten „Schneelandes". Folgerichtig ist diese Stufe mit Ausnahme vereinzelter Flechten vegetationsfrei (Garleff 1977:92).

5 Vergleich mit dem Höhenstufensystem der Alpen

Horst Bramer (1982:121) ist der Meinung, dass in erster Linie zwischen der Höhenstufensystematik der Anden und der der Alpen unterschieden werden kann. Diese beiden differieren aufgrund ihrer Lage in verschiedenen Klimazonen. Der für die Systematik ausschlaggebende Teil der Anden liegt in den Tropen. Die Alpen liegen in der Gemäßigten Zone. Zwar nimmt die Temperatur in beiden Gebirgen in ähnlicher Weise mit der Höhe ab, entscheidend ist aber das durch unterschiedliche Stellung der Sonne verursachte Jahresklima. So herrscht in den Tropen ein Tageszeitenklima, bei dem die Tagesschwankungen der Temperatur die Jahresschwankung übersteigen. Jahreszeiten fehlen hier fast völlig. „Die tropischen Gebirgsländer haben die größten Schwankungen der Tagestemperatur aufzuweisen, die überhaupt auf der Erde vorkommen" (Troll 1966:107). In der Puna Boliviens werden beispielsweise am Tage um die 30 °C erreicht, während es Nachts auf -10° bzw. noch tiefer abkühlt (Burga 2004:23-24). Hingegen gibt es in der Gemäßigten Zone ein Jahreszeitenklima, bei dem es zu größeren jahreszeitlichen als tageszeitlichen Temperaturschwankungen kommt. Diese Unterschiede lassen Waldgrenze als auch Schneegrenze und somit folgerichtig auch Vegetation und landwirtschaftliche Nutzung in den Anden in viel größere Höhen reichen. Siehe Abbildung 5:

Abb. 5: Höhenstufen in den Alpen und Anden. Quelle: Diercke (2009),
http://www.diercke.de/bilder/omeda/800/1425E_4.jpg

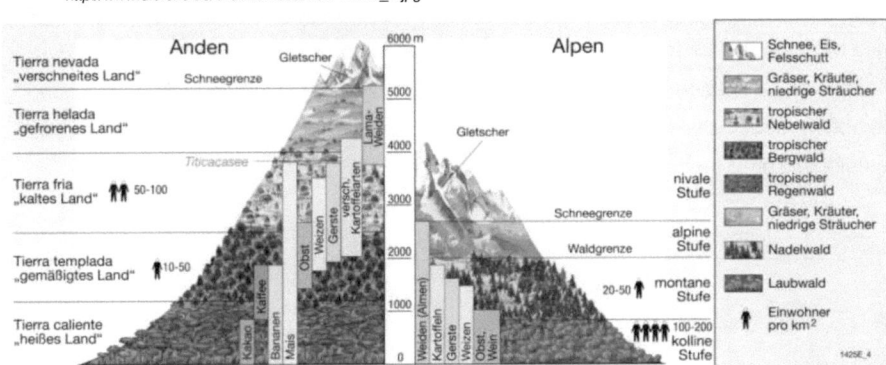

Neben der unterschiedlichen Bezeichnung (siehe Abb.5) der Stufen, wie zum Beispiel collin für die alpine Hügellandstufe oder montan für die Mittelgebirgsstufe, fehlt bei der andinen Höhenstufensystematik die Stufe des ˋheißen Landes´ komplett. Auch das Vegetationsbild und die Anbausorten sind aufgrund der klimatischen Gegebenheiten, wie dem sehr hohen Niederschlag in den inneren Tropen, unterschiedlich. Tropische Kulturpflanzen wie Kakao, Kaffee oder Bananen können in den Alpen auf Dauer nicht überleben. Dafür werden in den unteren Stufen der Alpen schon die für die Tierra fria typischen Anbauarten wie Kartoffeln, Weizen oder Gerste angebaut. Der Mensch siedelt in den Alpen größtenteils bis in 2000m Höhe. Hingegen liegen die Hauptsiedlungsorte (wie in Kap. 4.3 erwähnt) in den Anden in der Stufe der Tierra fria. (siehe Abb. 5)

6 Zusammenfassung

Das typische Höhenstufenmodell der Anden ist auf die Gebiete zu beziehen, die im tropischen Bereich liegen. Es ist in fünf generalisierte Stufen aufgeteilt. Die Tierra caliente bezeichnet das untere heiße Land vom Meeresniveau bis etwa 1000m ü. NN. Sie bildet mit der Tierra templada (ca. 1000-2000m ü. NN) die sogenannten Warmtropen. Zu den von den Warmtropen durch die Baumgrenze/Wärmemängelgrenze abgegrenzten Kalttropen gehören die Tierra fria (ca. 2000-3200m), die Tierra helada (ca. 3200-4500m) und oberhalb der Schneegrenze mit der Tierra nevada das abschließende „Schneeland". Diese Höhenstufen unterscheiden sich durch verschiedene Einwirkung von Temperatur und Niederschlag in Vegetation und landwirtschaftlichen Anbauarten. Im Mittel nimmt die Temperatur mit der Höhe ca. 0,5 bis 0,6 K ab. Im Vergleich mit dem Höhenstufenmodell der Alpen ist festzustellen, dass sich die Unterschiede in Einteilung und Merkmalen durch den Gegensatz Tageszeitenklima (Tropen) zu Jahreszeitenklima (Gemäßigte Zone) ergeben.

Literaturverzeichnis

Burga, C.A. (2004): Gebirgsklima. In: Burga, C.A./Klötzli F./Grabherr G. (Hrsg.) (2004): Gebirge der Erde. Stuttgart: Ulmer, 22-24.

Bramer, H. (1982²): Geographische Zonen der Erde. Gotha: VEB Hermann Haack, Geographisch-Kartographische Anstalt Gotha (= Studienbücherei Geographie für Lehrer 15).

Garleff, K. (1977): Höhenstufen der argentinischen Anden in Cuyo, Patagonien und Feuerland. Göttingen: Erich Goltz KG (= Göttinger Geographische Abhandlungen 68).

Lauer, W. (1975): Vom Wesen der Tropen. Mainz: Akademie der Wissenschaften und der Literatur (= Abhandlungen der Mathematisch-Naturwissenschaftlichen Klasse 3).

Lauer, W./Erlenbach W. (1987): Die tropischen Anden. In: Geographische Rundschau 2, 86-95.

Lauer, W./Rafiqpoor M.D. (2002): Die Klimate der Erde. Stuttgart: Franz Steiner Verlag (= Erdwissenschaftliche Forschung 15).

Leser, H./Haas H.-D./Mosimann T./Paesler R. (1995[8]): Wörterbuch der Allgemeinen Geographie Band 1 A-M. München/Braunschweig: DTV/Westermann.

Microsoft Encarta Online Enzyklopädie (2008): Anden. http://de.encarta.msn.com/encyclopedia_761560223/Anden.html abgerufen am 13.03.2009.

Müller-Hohenstein, K. (1981²): Die Landschaftsgürtel der Erde. Stuttgart: B.G. Teubner.

Nolzen H. (1995): Geozonen. Köln: Aulis Verlag Deubner & Co KG (= Handbuch des Geographieunterrichts 12/1).

Tanner H. (1978): Andenstaaten. Bern: Kümmerly+Frey (= Südamerika 1).

Troll, C. (1966): Ökologische Landschaftsforschung und vergleichende Hochgebirgs-forschung. Wiesbaden: Franz Steiner Verlag (= Erdkundliches Wissen 11).

Rathjens, C. (1982): Der Naturraum. Stuttgart: Teubner (= Geographie des Hochgebir-ges 1).

Weiß, J. (1996): Meyers Taschenlexikon. Mannheim/Leipzig/Wien/Zürich: BI-Taschen-buchverlag.